Coleção Biomas do Brasil

CAATINGA

2.ª EDIÇÃO

Coleção Biomas do Brasil

CAATINGA

2.ª EDIÇÃO

Jarcilene S. Almeida-Cortez

Professora Adjunta do Depto. de Botânica da Universidade Federal de Pernambuco
Ph.D. em Ecologia Vegetal pela Université de Sherbrooke, Canadá
Mestre em Botânica pela Universidade Federal do Rio Grande do Sul
Cursou Ciências Biológicas na Universidade Federal de Pernambuco

Pedro Henrique M. Cortez

Ph.D. em Microbiologia pela McGill University de Montreal, Canadá
Mestre em Bioquímica pela Universidade Federal do Rio Grande do Sul
Professor de Biologia do Ensino Médio
Cursou Ciências Biológicas na Universidade Federal de Pernambuco

José Maria V. Franco

Professor de Biologia do Ensino Médio em Goiânia
e Fotógrafo da Natureza,
tem estudado o comportamento de animais e vegetais
em seu *habitat* natural

Armênio Uzunian

Mestre em Histologia pela Escola Paulista de Medicina
Professor de Biologia na cidade de São Paulo
Cursou Ciências Biológicas na Universidade de São Paulo
e Medicina na Escola Paulista de Medicina

Direção Geral:	Julio E. Emöd
Supervisão Editorial:	Maria Pia Castiglia
Revisão Técnica:	José Geraldo Felipe da Silva
Coordenação de Produção e Capa:	Grasiele Favatto Cortez
Revisão de Texto:	Estevam Vieira Lédo Jr.
Programação Visual e	
Editoração Eletrônica:	Mônica Roberta Suguiyama
Fotografia da Capa:	Fabio Colombini
Impressão e Acabamento:	Cromosete Gráfica e Editora Ltda.

Dados Internacionais de Catalogação na Publicação (CIP)
(Câmara Brasileira do Livro, SP, Brasil)

Caatinga / Jarcilene S. Almeida-Cortez -- [et al.] -- 2. ed.
São Paulo : HARBRA, 2013. -- (Coleção Biomas do Brasil)

Outros autores: Pedro Henrique M. Cortez, José Maria V. Franco,
Armênio Uzunian

Bibliografia.
ISBN 85-294-0270-7 (coleção)
ISBN 978-85-294-0422-6

1. Biodiversidade - Brasil 2. Caatinga
3. Ecossistemas - Brasil I. Almeida-Cortez, Jarcilene S.
II. Cortez, Pedro Henrique M. . III. Franco, José Maria
IV. Uzunian, Armênio. . V. Série.

07-0553   CDD-577.820981

Índices para catálogo sistemático:

1. Caatinga : Bioma brasileiro : Preservação :
Biologia 577.820981

Coleção Biomas do Brasil – CAATINGA – 2.ª edição
Copyright © 2013 por **editora HARBRA ltda.**
Rua Joaquim Távora, 629 – Vila Mariana – 04015-001 – São Paulo – SP
Promoção: (0.xx.11) 5084-2482 e 5571-1122. Fax: (0.xx.11) 5575-6876
Vendas: (0.xx.11) 5549-2244, 5084-2403 e 5571-0276. Fax: (0.xx.11) 5571-9777

Todos os direitos reservados. Nenhuma parte desta edição pode ser utilizada
ou reproduzida – em qualquer meio ou forma, seja mecânico ou eletrônico,
fotocópia, gravação etc. – nem apropriada ou estocada em sistema de
banco de dados, sem a expressa autorização da editora.

ISBN da coleção 85-294-0270-7
ISBN do volume 978-85-294-0422-6

Impresso no Brasil   *Printed in Brazil*

CONTEÚDO

Prefácio... 7

CARACTERIZAÇÃO 9
O que é Caatinga?...9
Localização da Caatinga 11
O clima predominante na Caatinga................................12
Os solos da Caatinga e suas profundidades 14
Água na Caatinga 17

VEGETAÇÃO 20
A riqueza da vegetação da Caatinga...............................20
A flora... 21

VIDA ANIMAL NA CAATINGA 30
Os invertebrados 30
Os vertebrados 32
Teia alimentar na Caatinga..50

IMPORTÂNCIA ECONÔMICA 51
Atividades que podem alterar a Caatinga........................52
Ecoturismo e parques nacionais da Caatinga 53

Bibliografia 64

Prefácio

Qual o nosso papel, como professores de Biologia e amantes da Natureza? Ao elaborar a coleção **Biomas do Brasil**, a intenção foi mostrar aos estudantes dos ensinos Fundamental e Médio a riqueza de ambientes de nosso território, em uma linguagem clara e acessível a todos. A soma de esforços de uma professora da Universidade Federal de Pernambuco, um biólogo molecular e professor de Biologia e dois professores de Biologia do Ensino Médio, um dos quais emérito fotógrafo e amante das maravilhas da Natureza, coordenados por um competente professor de Biologia do Ensino Médio de Brasília, resultou em mais um volume dessa coleção, agora dedicado à Caatinga. Era hora de divulgar o que vemos rotineiramente em nossas andanças pelo Nordeste brasileiro. Juntamos a isso algumas noções históricas e geopolíticas, relativas a esse bioma, além de acontecimentos ocorridos por ocasião do episódio do Cangaço e, pronto, o resultado foi uma obra interdisciplinar, termo extremamente atual e presente na maioria dos exames de acesso às nossas melhores instituições de ensino superior.

Venha se maravilhar com a riqueza da Caatinga. Tanto na seca quanto no período de chuvas, esse bioma se destaca pela biodiversidade, muitas vezes ignorada pelos amantes da natureza.

Com esta obra, a intenção dos autores e da editora HARBRA é que você, estudante, estudioso e admirador das nossas riquezas, conheça, divulgue e ajude a preservar este bioma que, a despeito da natureza árida que o caracteriza, é um dos mais ricos do nosso país. Ajude-nos nesse empreendimento.

Os autores

CARACTERIZAÇÃO

O QUE É CAATINGA?

Caatinga é o bioma característico do Nordeste brasileiro. A palavra "caatinga" é de origem tupi (*ka'a* = mato, vegetação + *tinga* = branco, claro) e significa **mata branca**. É um termo que se refere ao aspecto dessa vegetação típica da região nordestina de clima semiárido – notadamente durante a estação seca –, em que a maioria das árvores perde as folhas e os troncos esbranquiçados e secos dominam a paisagem.

A Caatinga é possivelmente o mais desvalorizado e negligenciado dos biomas brasileiros e um dos mais degradados pelas centenas de anos de uso inadequado e insustentável dos solos e de seus outros recursos naturais. A injustificada visão de que a Caatinga resulta de uma formação modificada de outro tipo de bioma e a divulgação de uma imagem popular de ambiente pobre, árido, seco – e supostamente desprovido de biodiversidade vegetal e animal – são fatores que contribuem para a pequena importância dada a esse bioma. Nas seções seguintes você perceberá que esse quadro não é verdadeiro, uma vez que a riqueza na diversidade vegetal e animal é uma das principais características desse bioma brasileiro.

> **Anote!**
>
> O nome Caatinga é de origem tupi e significa *mata branca*, devido ao aspecto que a vegetação do sertão adquire na época da seca.

Aspecto geral da Caatinga no Nordeste brasileiro.

JOSÉ MARIA V. FRANCO

10 CAATINGA

Leitura

Desfazendo um Mito

Um trabalho realizado por pesquisadores da UFPE (Universidade Federal de Pernambuco), UFRJ (Universidade Federal do Rio de Janeiro) e pela ONG (Organização Não-Governamental) *Conservation International*, do Brasil, resultou na obra *Ecologia e Conservação da Caatinga*, um livro de 800 páginas. Por esse trabalho, **fica desfeito o mito de que a Caatinga é pobre em espécies e fenômenos exclusivos**. Para o pesquisador Marcelo Tabarelli, um dos coordenadores do livro, "a Caatinga é o bioma menos protegido do Brasil, já que as unidades de conservação e de proteção integral cobrem menos de 2% de seu território".

Para se ter uma ideia da importância desse bioma, basta perceber que:

- os diversos tipos de composição vegetal – das mais abertas e baixas, com árvores de 1 m de altura, até as mais fechadas, com árvores de até 20 m de altura – compõem um mosaico de paisagens em que são encontradas 932 espécies de plantas, das quais cerca de um terço são endêmicas (só existem lá);
- somente de aves existem 510 espécies, o equivalente a um terço do total encontrado no país;
- nas dunas que se erguem às margens do rio São Francisco se concentra cerca de um terço das espécies do semiárido, entre elas dezesseis de lagartos, oito de serpentes, uma de anfíbio (o sapo *Dermatonotus muelleri*) e quatro de anfisbenas (répteis sem patas chamados de cobras-de-duas-cabeças), entre elas a *Amphisbaena arda*, que tem o corpo esbranquiçado, salpicado de manchas pretas;
- de mamíferos, existem 143 espécies, sendo 19 endêmicas. Lá vivem o mocó (roedor que alcança 40 cm de comprimento), o rato-bico-de-lacre e o tatu-bola, que enrola o corpo ao se sentir ameaçado), um morcego insetívoro (*Mycronicteris sanborni*), um marsupial (*Thylamys karimii*) e um macaco sauá (*Callicebus barbarabrownae*), recentemente encontrado na Bahia;
- nesse bioma brasileiro foram detectados alguns comportamentos surpreendentes: das 240 espécies de peixes identificadas, cerca de 25 conseguem adiar a postura dos ovos, aguardando as chuvas. Os ovos dessas espécies são resistentes, o desenvolvimento do embrião é lento (demora quase um ano) e, ao eclodirem, os peixes (que atingem cerca de 5 a 15 cm de comprimento) vivem em lagoas e poças de água temporárias. Os sertanejos os chamam de peixes-nuvem, por acreditarem que nascem das nuvens;
- várias espécies de formiga atuam como dispersoras de sementes. Algumas se nutrem de alimentos existentes nos elaiossomos (estruturas das sementes que armazenam reservas nutritivas) e carregam as sementes por longas distâncias. Outras – saúvas, quenquéns, lava-pés e tocandiras – comem as polpas dos frutos e limpam as sementes, o que favorece a sua germinação.

Para os que ainda acreditam que a Caatinga é pobre, árida e desprovida de vida, os dados acima são reveladores da riqueza biológica nela presente. Um motivo a mais para continuarmos lutando pela preservação e uso sustentado desse bioma. A nossa biodiversidade agradece.

Adaptado de: Riqueza Oculta no Sertão. Revista Pesquisa Fapesp, São Paulo, n. 93, p. 48, nov. 2003.

CARACTERIZAÇÃO 11

O bioma Caatinga é formado pelas regiões naturais conhecidas como Sertão, Seridó, Curimataú, Caatinga e Carrasco. As diferenças específicas entre cada uma dessas regiões naturais são dadas pelo volume e variabilidade das chuvas, assim como pela maior ou menor fertilidade dos solos, ao longo e no interior dos quais também variam os tipos de rocha e o relevo do terreno.

LOCALIZAÇÃO DA CAATINGA

A área ocupada pelo bioma Caatinga é de 844 mil km² (cerca de 10% do território nacional).

Encontra-se nos Estados do Piauí (ao sul e leste), Ceará, Rio Grande do Norte, Paraíba, Pernambuco, Sergipe, Alagoas, Bahia, e norte de Minas Gerais.

Para Você Pensar...

Por que a Caatinga é tão seca, se é tão próxima da Floresta Amazônica, da Mata Atlântica e do oceano Atlântico?

Mapa dos biomas do Brasil, publicado em 2004 pelo IBGE.

O Clima Predominante na Caatinga

O clima é dos tipos árido e semiárido, com temperaturas médias anuais elevadas, compreendidas entre 27 °C e 29 °C.

A Caatinga é também caracterizada por um sistema de chuvas extremamente irregular de ano para ano, o que resulta em severas secas periódicas e torna a vida do sertanejo difícil, levando-o a emigrar.

A precipitação média anual varia de 240 mm a 1.500 mm (dependendo do local, pode até ser menos). Metade da região recebe menos de 750 mm de precipitação anual e algumas áreas centrais, menos de 500 mm de chuva por ano. A maioria das chuvas na Caatinga (50-70%) concentra-se em três meses consecutivos, embora exista grande variação anual, além de serem frequentes longos períodos de seca (veja, como exemplo, o climograma da região de Juazeiro, Estado da Bahia).

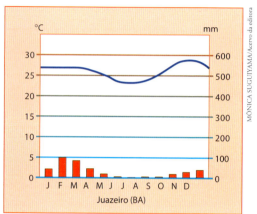

O escoamento superficial das águas das chuvas é intenso, uma vez que os solos são rasos e situados acima de lajedos cristalinos. Por sua vez, a taxa de evaporação do solo é intensa (2.000 mm ao ano), devido à baixa umidade do ar e à intensa insolação.

> **Anote!**
>
> Insolação é a quantidade de energia proveniente do Sol que incide sobre determinada região, objeto, pessoa etc.

Os rios são, com frequência, intermitentes, isto é, correm apenas durante o período de chuvas, e os seus cursos são interrompidos durante a estação seca. Nos meses de julho a dezembro, tradicionalmente associados à estação seca, a temperatura do solo pode chegar a 60 °C.

Como consequência desses fatores, a vegetação é *xerofítica* (adaptada a condições de pequena disponibilidade de água) e caducifólia (em muitas plantas, as folhas caem na estação seca). É uma vegetação adaptada a condições de seca ambiental já que a oferta de água no solo, como se pode perceber, resulta de um curto período de estação chuvosa.

Leitura

Perto da Amazônia e do Oceano e, no entanto, Seco?

Ao contrário do que muitos autores escrevem, a explicação para a semiaridez encontrada no Nordeste e seus longos períodos de seca não é muito simples. O quadro apresentado pela região é resultado da combinação de diversos fatores. Entre eles, podemos destacar: a localização da região; a ação de um sistema atmosférico complexo sobre a área; as mudanças na temperatura dos oceanos Pacífico e Atlântico, em determinadas épocas, provocando alterações na circulação atmosférica local; a ocorrência de solos, relevo e vegetação peculiares. Cabe, porém, ao sistema atmosférico da região e à sua dinâmica o papel preponderante da ocorrência de tal situação.

Hoje, o fenômeno da seca não é apenas natural, mas também social e político. A pobreza da população localizada nas áreas do Semiárido não pode ser atribuída exclusivamente ao quadro natural, mas sim aos problemas estruturais (sociais e econômicos) encontrados na região. É bom lembrar que a Califórnia, nos Estados Unidos, possui um clima muito mais seco que o do sertão nordestino e, mesmo assim, é uma das regiões mais ricas do planeta.

O tamanho real das áreas afetadas pelas secas ainda é muito questionado. A diferença entre os números apresentados decorre da existência de grupos políticos e econômicos que têm o intuito de tirar proveito da situação. Para tanto, acabam divulgando de maneira distorcida e exagerada o quadro real, na tentativa de conseguir mais verbas governamentais para a utilização em benefício próprio. As ações desses grupos, conhecidas há muito tempo, são popularmente denominadas de ações da "indústria da seca".

Assim sendo, eis uma pergunta para fazer você pensar:

Se as ações da "indústria da seca" são de conhecimento público, o que impede o seu fim?

Fonte: MORAES, P. R. e SILVA, V. A. Clima e Tempo. São Paulo: HARBRA, 1998.
In: MORAES, P. R. Geografia Geral e do Brasil. 3. ed. São Paulo: HARBRA, 2006.

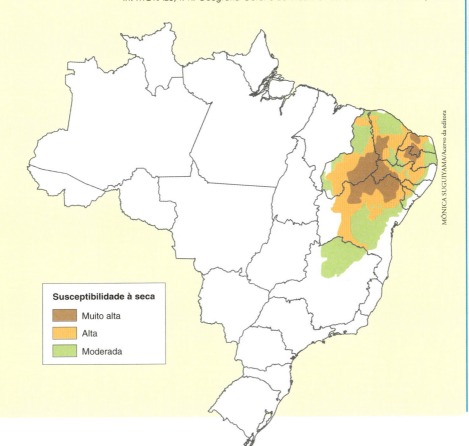

Leitura

Os brejos de altitude nordestinos são encraves da Mata Atlântica, formando ilhas de florestas úmidas em plena região semiárida, cercadas por vegetação da Caatinga, tendo uma condição climática bastante atípica com relação à umidade do solo e do ar, temperatura e vegetação. A existência dessas ilhas de floresta em uma região onde a precipitação média anual varia entre 240-900 mm está associada à ocorrência de planaltos e chapadas entre 500-1.100 m de altitude (chapada da Borborema, chapada do Araripe, chapada de Ibiapaba), onde as chuvas asseguram níveis de precipitação superiores a 1.200 mm/ano.

> **Anote!**
>
> Os brejos de altitude (como são conhecidos em Pernambuco) possuem elementos das florestas Amazônica e Atlântica, com árvores que chegam a 30-35 m de altura.

As condições privilegiadas dos brejos de altitude têm atraído pecuaristas e agricultores, que, por meio da criação de gado e do desenvolvimento de lavouras permanentes, como as de banana, café e citros, secundadas por lavouras temporárias, como as de hortaliças, mandioca, milho e feijão, constituem a base da estrutura socioeconômica desse setor da Mata Atlântica. A predominância do extrativismo de madeira e de lenha como principal fonte de energia, tanto para as indústrias de gesso como para a população, coloca em risco essa formação ecológica ainda tão pouco conhecida. Por outro lado, o conhecimento popular a respeito dos brejos de altitude é rico, tanto sobre plantas medicinais (fitoterápicas) como sobre a cultura alimentar, e pode apontar alternativas para a conservação e o uso sustentável de sua biodiversidade.

OS SOLOS DA CAATINGA E SUAS PROFUNDIDADES

Os solos da região da Caatinga são muito diversificados e têm uma distribuição espacial complexa, formando um mosaico, de modo semelhante a uma colcha de retalhos. Eles vão dos solos rasos e pedregosos, associados à imagem típica do sertão seco, rico em cactáceas (família de plantas à qual pertencem os cactos), aos solos arenosos e profundos que dão lugar às Caatingas de areia, típicas de regiões de grandes vazios demográficos, como o Raso da Catarina (localizada na Bahia, essa zona caracteriza-se por clima muito quente, com aproximadamente 1 habitante por km²). A fertilidade dos solos pode ser baixa, como ocorre na chapada sedimentar de Ibiapaba, ou alta, como os da chapada do Apodi. As centenas de anos de atividade agropecuária, os desmatamentos e a criação intensiva de caprinos levaram à extensa degradação dos solos e a possíveis processos de desertificação em algumas áreas.

> **Anote!**
>
> Na Caatinga, ocorrem diversos tipos de solo em função do relevo e das áreas em que se encontram. Quanto à sua origem, a geologia da Caatinga, na essência, não é tão diferente das regiões acima do rio Negro (na Amazônia). Ambas têm suas origens nas rochas muito antigas do Pré-Cambriano, severamente degradadas durante o Terciário, e recobertas por arenito marinho mais recente e outros sedimentos.

Para Você Pensar...

A maior parte dos solos do bioma Caatinga apresenta limitações severas para o uso sustentável com atividades agrícolas. A consequência do uso inadequado desses solos é a degradação em diferentes graus de intensidade, culminando com áreas completamente desertificadas. Hoje, o estado dos solos de algumas áreas do bioma é o reflexo de muitas décadas de uso inadequado, principalmente nas áreas em que foram implantadas culturas voltadas para a industrialização, como é o caso do algodão até o início da década de 1990.

O que pode ser feito para não degradar ainda mais os solos desse bioma?

Leitura

Caatinga, Cangaço e o Raso da Catarina

O cangaço, fenômeno que assolou o Nordeste brasileiro, encontrou seu apogeu na década de 1920, com a figura mítica de Lampião. Embora sendo um fenômeno tipicamente do semiárido nordestino, estendeu-se, com algumas diferenças, ao norte de Minas Gerais (com o chefe de jagunços Antonio Dó) e ao Agreste pernambucano (com Antonio Silvino).

Desde o notório Cabeleira, ainda no século XVIII, até os tempos de Corisco, já na 4.ª década do século passado, o Nordeste conheceu vários personagens desse fenômeno social curioso, que encontra seus determinantes principais no isolamento extremo das cidades e povoados do sertão, onde inexistia a presença do Estado constituído.

Naqueles ermos, durante séculos, o homem "furou a Caatinga", no dizer do sertanejo, plantando fazendas de criar e alargando seus pastos, condicionando seu poderio à extensão de suas terras, à superioridade bélica, à destreza com o uso das armas e à incondicional valentia. Olho por olho dente por dente era a regra de conduta praticada, e o uso da surra, da bala e do punhal, o Código Penal vigente.

O cangaço prosperou exatamente nas áreas mais secas do sertão nordestino, pobres e isoladas na imensidão do bioma da Caatinga. Entretanto, com o avançar do século XX, a repressão ao banditismo sertanejo tornou-se cada vez mais intensa, o que pôs em xeque a estrutura de sustentação do cangaceirismo. Os coronéis, com seus latifúndios, que mantinham e abasteciam os bandos de cangaceiros, se viam cada vez mais expostos e menos à vontade para compactuar com Lampião e seus subgrupos. Mas, mesmo perdendo companheiros e protetores a cada ano que passava, os cangaceiros contavam com um parceiro infalível nos castigos que impunham às forças policiais: a Caatinga.

Se "o sertanejo é antes de tudo um forte", pelo dizer de Euclides da Cunha [autor de Os Sertões], o cangaceiro é acima de tudo um forte extremamente adaptado ao seu meio. Os cangaceiros utilizavam como proteção e refúgio a quase intransponível Caatinga. Na guerra do cangaço, as volantes [nome dado aos militares que combatiam os cangaceiros] já partiam em certa desvantagem, uma vez que, na condição de perseguidores, quase nunca escolhiam o terreno da luta (salvo em ocasiões em que os cangaceiros eram pegos de surpresa). Lampião, que só brigava sob condições que lhe fossem vantajosas, usava a estratégia da fuga. Cruzava o sertão pelos matos, evitando as rotas das cidades e as veredas. Montaria era exceção. Andavam sempre a pé, o que facilitava a incursão pelas matas de garranchos e a despista dos perseguidores.

Lampião restringiu sua área de atuação ao semiárido dos Estados do Ceará, Rio Grande do Norte, Paraíba, Pernambuco, Bahia, Sergipe e Alagoas. É nítida sua maior preferência pelas áreas próximas aos vales do Cariri (sul do Ceará) e do São Francisco (regiões limítrofes entre Pernambuco e Bahia, e entre Sergipe e Alagoas). Essas áreas são circundadas por extensas faixas de Caatinga agressiva, que lhe serviam como refúgio. Próximo ao Cariri cearense está o sertão pernambucano, com a Caatinga do Riacho do Navio (sertão do Pajeú).

A seu critério, Lampião margeava a fronteira Bahia/Sergipe/Alagoas, passando de um lado para outro para realizar assaltos e invadir vilarejos, e, quando sentia no encalço o revide das volantes, corria para o Raso da Catarina. Essa região do sertão baiano é de Caatinga agressiva, de difícil acesso, com aproximadamente 100.000 hectares, onde água e alimento eram encontrados com extrema dificuldade. A paisagem inóspita do Raso é agressiva, repleta de xiquexique, mandacaru, macambira, frecheiro de anzol, coroa-de-frade, jurema e outros arbustos espinhentos.

Além de seu razoável conhecimento da região, Lampião contava sempre com a ajuda dos índios pancararés, moradores do Raso. Alguns desses índios engrossaram as fileiras do "Rei do Cangaço", o que fazia com que os parentes na tribo se desdobrassem em ajudar os cangaceiros a encontrar cacimbas, caldeirões naturais de água e escondê-los das volantes.

Os cangaceiros dormiam ao relento, sob um lençol amarrado nos galhos dos arbustos mais altos ("a torda"); geralmente acordavam entre 4 e 5 horas da manhã, e preferiam fazer as longas caminhadas logo cedo ou ao final do dia, para minimizar o desconforto [do forte calor]. Quando acabavam os alimentos que traziam nos bornais e a água das cabaças, e não havia moradores nos arredores, o jeito era extrair da Caatinga o necessário para a sobrevivência em meio tão hostil.

A sede era infinitamente pior que a fome. Esta, os pedaços de rapadura ainda ludibriavam por algum tempo. Para matar a sede, extraíam água das locas de pedra, de caldeirões naturais nos lajedos, das folhas de gravatá, das raízes do umbuzeiro (cumbuca), do cipó do mucunã, da polpa do xiquexique e da coroa-de-frade. Comiam os "alimentos brabos", como a raiz do umbuzeiro, a "capa" das folhas das macambiras, a polpa do xiquexique e do mandacaru, sementes de fava-branca, entre outros. Alguns cangaceiros relataram que havia bois selvagens no Raso (gado que se perdia das boiadas ou das fazendas em redor e se asselvajavam), que eram abatidos para o consumo da carne. Matavam também caititus (porcos selvagens) e veados.

A água coletada nos caldeirões e locas naturais era de chuvas passadas (às vezes, de muitos meses atrás), e, geralmente, acumulava fezes de animais, ovos de insetos e outras impurezas. Para contornar esse problema, os cangaceiros retiravam o lenço do pescoço (de seda muito fina e que se chamava jabiraca), estendiam-no quase tocando a superfície da água, e, então, com pequenos goles, sorviam o líquido através do pano, que se passava por filtro ou peneira fina.

Os cangaceiros adaptaram à sua condição de guerreiros a medicina do sertanejo comum. Para estancar hemorragias usavam quixabeira ou chá de casca de jucá. Em caso de hemorragias por abortamento, as mulheres faziam uso de pó de caroço de feijão-bravo. No umbigo do recém-nascido, colocavam pó de fumo e, às vezes, bosta de cabra (torrada e pisada). Nos ferimentos com arma de fogo, sempre usavam raspa de quixabeira ou pereiro (tanto por via oral, como no próprio local do ferimento), misturada com cachaça. Colocavam suco de pinhão ou uma mistura com pimenta-malagueta amassada, após lavagem do ferimento com tintura de imburana e mandacaru. Abusavam do pó de fumo nas feridas para evitar a postura de ovos de moscas varejeiras. Braços ou pernas quebrados eram imobilizados com tiras de facheiro velho.

Foi em 1925, nas caatingas do município de Flores, em Pernambuco, que Lampião, ao defrontar-se com uma união de forças volantes pernambucanas, teve seu olho direito atingido por pedaços de um quipá, que fora despedaçado por um tiro de fuzil. A partir desse episódio, Lampião fica funcionalmente cego do olho direito, em razão da extensa lesão de córnea causada pelos pequenos espinhos. Nesse episódio, Lampião foi tratado por um médico na região de Triunfo (PE), que, apesar de não lhe ter restituído a visão do olho afetado, impediu que o ferimento infectasse ou mesmo tivesse desfecho mais grave. Lampião soube superar essa deficiência e passou a atirar como se fosse canhoto, a partir desta data.

Ao contrário do que muita gente pensa, o traje do cangaceiro não servia para ocultá-lo na Caatinga. Muito pelo contrário. Era cheio de cores berrantes, brilho, moedas de ouro, chapéus enormes, tudo isso como forma de impor a superioridade do cangaceiro ante seus interlocutores. A figura do capitão de cangaço e de seus comandados impressionava. Entretanto, nada nessa indumentária era supérfluo; cada peça do armamento e da vestimenta tinha sua função. O chapéu, herdado do vaqueiro, era feito de couro de veado-catingueiro, em forma de meia-lua, quebrado na frente e atrás, e tinha enormes estrelas ou signos de Salomão estampados; usavam preferencialmente mescla azul-cinza e calça culote; utilizavam quatro jogos de bornais, onde levavam rapadura, farinha, pedaços de carne-seca, cédulas de dinheiro (moedas eram peso inútil) e ingredientes da farmacopeia; cabaça para água (que era conservada fresquinha); cantil para cachaça. As cartucheiras não eram cruzadas ao peito, como muitos pensam, mas arrumadas em redor da cintura, sendo uma para balas de fuzil e outra para munição de arma curta. Preso às cartucheiras, um longo punhal de aproximadamente 70 cm de lâmina e um facão a tiracolo. O dorso das mãos era coberto por luvas semelhantes às dos vaqueiros; perneiras militares protegiam-lhes as canelas contra a galharia da Caatinga, e as alpercatas de couro cobriam o dorso dos pés (somente o dedão do pé ficava à mostra), salvando-os de tocos e pedras durante as longas caminhadas.

Todo esse equipamento chegava a pesar 35 kg, mas nada se soltava do corpo do cangaceiro, se este pulasse, rolasse pelo chão ou andasse a cavalo.

Assim, a Caatinga foi o palco da luta sangrenta entre soldados e cangaceiros. A sua intransponibilidade relativa foi um dos fatores responsáveis pela longevidade de Lampião, uma vez que o inteligente e sagaz cangaceiro soube tirar melhor proveito do meio físico em que vivia, contabilizando mais de vinte anos como o monarca absoluto das caatingas brasileiras.

Adaptado de: FERNANDES, L. C. Lampião, a Medicina e o Cangaço – aspectos médicos do cangaceirismo. Piauí: Traço Editora, 2005.

ÁGUA NA CAATINGA

As águas subterrâneas de baixa e média profundidade formam a base essencial de abastecimento para o consumo por seres humanos e animais. São águas disponíveis nos aluviões que constituem o fundo dos vales (leito seco e áreas adjacentes – baixios – dos cursos de água temporários). Os animais consomem também a água armazenada em algumas plantas (sobretudo os cactos).

O principal rio que corta a Caatinga é o São Francisco, porém existem outros de menor extensão e volume de água. Alguns são seus afluentes, como os rios Branco, Grande, Corrente, Formoso e Carinhanha. O planalto da Borborema é cortado por rios perenes, porém de pequena vazão, como o Paraíba e o Capibaribe, além de outros de menor expressão, como o Ipojuca e o Tracunhaém. Nessa ecorregião, o potencial de águas subterrâneas é baixo, com predominância de águas salinas.

A depressão sertaneja é cortada pelo rio São Francisco e seus afluentes, além de outros de menor importância. Assim, o potencial hídrico é elevado nessa área, apresentando também bacias menores (Jaguaribe, Pinhão, Açu, Paraguaçu etc.).

> **Anote!**
>
> Há cerca de 12 mil anos, o rio São Francisco não corria para o mar. Naquele tempo, que coincide com o final do último período de glaciação, havia um grande lago natural na área onde o rio desaguava.

Rio São Francisco.

CARACTERIZAÇÃO 19

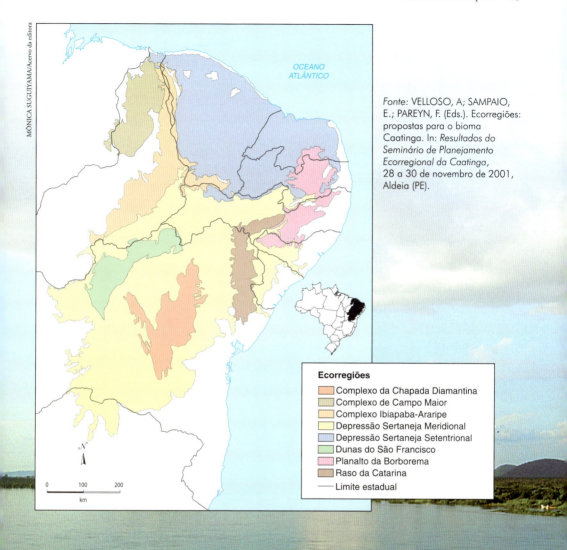

Fonte: VELLOSO, A; SAMPAIO, E.; PAREYN, F. (Eds.). Ecorregiões: propostas para o bioma Caatinga. In: *Resultados do Seminário de Planejamento Ecorregional da Caatinga*, 28 a 30 de novembro de 2001, Aldeia (PE).

Ecorregiões
- Complexo da Chapada Diamantina
- Complexo de Campo Maior
- Complexo Ibiapaba-Araripe
- Depressão Sertaneja Meridional
- Depressão Sertaneja Setentrional
- Dunas do São Francisco
- Planalto da Borborema
- Raso da Catarina
- Limite estadual

JOSÉ MARIA V. FRANCO

VEGETAÇÃO

A Caatinga apresenta três estratos: arbóreo (8 a 12 m), arbustivo (2 a 5 m) e herbáceo (abaixo de 2 m). As características da vegetação revelam várias adaptações à sobrevivência em clima árido e seco. As folhas, por exemplo, costumam ser pequenas, podendo até não possuir a aparência normal de folhas (lembre-se dos cactos, cujos espinhos são folhas modificadas).

Algumas plantas armazenam água em caules suculentos (típico dos cactos), enquanto outras se caracterizam por terem raízes praticamente na superfície do solo, o que favorece o máximo de absorção de água em períodos chuvosos.

> **Anote!**
>
> Amburana, aroeira, umbu, baraúna, maniçoba, macambira, mandacaru e juazeiro são as plantas mais comumente encontradas na Caatinga.

A RIQUEZA DA VEGETAÇÃO DA CAATINGA

O bioma Caatinga apresenta uma surpreendente diversidade de ambientes, proporcionada por um mosaico de tipos de vegetação, em geral caducifólia, xerofítica e, por vezes, espinhosa, variando com o mosaico de solos e a disponibilidade de água. A vegetação considerada mais típica de Caatinga encontra-se nas depressões sertanejas: uma ao norte e outra ao sul do bioma, separadas por regiões serranas que constituem uma barreira geográfica para diversas espécies. Mas os diferentes tipos de Caatinga estendem-se também por regiões mais altas e de relevo variado, e incluem a Caatinga arbustiva, a arbórea, a mata seca e a mata úmida, o carrasco (formação vegetal muito densa) e as formações abertas com predominância de cactáceas e bromeliáceas, entre outros vegetais.

> **Anote!**
>
> Características gerais de elementos da Caatinga incluem perda total das folhas durante a estação seca (caducifolia), folhas pequenas e duras (xerofitismo), árvores com ramificação a partir do solo e presença de espécies suculentas.

O clima na região semiárida apresenta tipicamente um período chuvoso e um período seco, quando as chuvas são nulas ou escassas. Os recursos florais, bem como a variação na diversidade e abundância de abelhas, por exemplo, serão influenciados por essas condições. No período chuvoso há uma ampla oferta de alimento determinada em grande parte pelo desenvolvimento e floração de espécies herbáceas anuais e arbustivas. No período seco, salvo exceções, encontram-se ervas e arbustos com flores somente nos leitos secos dos rios e próximos a corpos d'água (riachos, açudes, lagoas temporárias etc.). Estudos realizados com espécies de árvores e arbustos demonstraram que 60% das espécies apresentam floração na estação seca – as espécies que produzem frutos carnosos dispersos por animais concentram o período de frutificação na estação chuvosa, enquanto os que são dispersos pelo vento (anemocóricos) são produzidos na estação seca.

Leitura

Uma Floresta Tropical no Sertão do Nordeste?

Uma equipe formada por pesquisadores do Brasil, do Reino Unido e dos EUA confirmou – por meio da coleta de rochas em uma caverna – o que há pelo menos 50 anos se suspeitava: "o sertão nordestino já abrigou uma pujante floresta, ligando a Amazônia à Mata Atlântica".

Os cientistas exploraram uma série de cavernas no norte da Bahia, à procura de espeleotemas (amostras de calcário na forma de estalactites e estalagmites). Segundo Augusto Euler, geólogo da UFMG (Universidade Federal de Minas Gerais), um dos envolvidos na pesquisa, só a presença de água pode explicar a formação daquelas estruturas. "Hoje é muito seco por lá, o índice pluviométrico é de cerca de 490 mm por ano, o que é muito pouco. Mas, no passado, houve água suficiente para formar esses espeleotemas", conta o pesquisador.

Datações realizadas, analisando as quantidades dos elementos urânio e tório, revelaram que a "última grande chuva aconteceu uns 11,7 mil anos atrás", prossegue o cientista. "O que achamos mais interessante, ainda mais para a gente, que é do Brasil, é a constatação de que a Floresta Amazônica e a Mata Atlântica foram unidas no passado", encerra o geólogo.

Fonte: Sertão do Nordeste já foi floresta tropical. Folha de S.Paulo, São Paulo, 10 dez. 2004. p. A16.

A FLORA

Entre as plantas típicas deste bioma, podemos citar: facheiro, umbuzeiro, juazeiro, mandacaru, catingueira, faveleira, marmeleiro, aroeira, carnaúba, xiquexique, barriguda, mulambá, jatobá, amburana, umbu, baraúna, macambira e maniçoba.

A seguir, a importância alimentar, medicinal e ornamental de algumas dessas plantas.

▶ FACHEIRO (*PILOSOCEREUS PACHYCLADUS*)

Depois de queimados os espinhos, os ramos desse cacto servem de alimentação para bovinos. A planta é empregada na ornamentação de avenidas, ruas, praças e jardins. A madeira é branca, leve e utilizada como tábuas para carpintaria. As raízes são aproveitadas na confecção de colheres de pau. O fruto carnoso, do tipo baga, é comestível.

◗ Umbuzeiro/Imbuzeiro (*Spondias tuberosa*)

Folhas e frutos servem de alimentação para bovinos, caprinos e ovinos. A cunca (raiz tuberosa) do umbuzeiro é utilizada para aliviar a sede humana e também para a fabricação de doce caseiro.

Do fruto se extrai a polpa, que também pode ser utilizada na fabricação de doce caseiro, suco e, misturada ao leite e adoçada com açúcar ou rapadura, constitui a imbuzada, alimento preferencial dos sertanejos na época da frutificação da planta. O fruto maduro é uma ótima fonte de vitamina C.

◗ Juazeiro (*Ziziphus joazeiro*)

Frutos, folhas e ramos são utilizados como forragem para bovinos, caprinos e suínos. As raspas da entrecasca (a casca interna), ricas em saponina, servem para a confecção de sabão e pasta de dente. A casca é excelente tônico capilar quando em infusão ou macerada. A infusão das folhas é estomacal e a água do fruto (juá) serve para amaciar e clarear a pele.

◗ Mandacaru
(Cereus jamacaru)

Cacto de grande porte, que pode atingir até 10 m de altura, apresenta-se colunar, de tronco multirramificado e espinhos amarelos, medindo cerca de 2 cm de comprimento. Do tronco adulto retiram-se tábuas de até 30 cm de comprimento.

❯ Catingueira-verdadeira (*Caesalpinia pyramidalis*)

As folhas verdes servem como forragem para bovinos, caprinos e ovinos. Os frutos são ingeridos pelos animais, porém os ápices pontiagudos por vezes perfuram o intestino, causando a morte. As folhas, flores e cascas são usadas no tratamento das infecções catarrais, nas diarreias e disenterias. A madeira é usada como lenha, estacas, moirões e fabricação de carvão.

◗ Faveleira (*Cnidoscolus phyllacanthus*)

Folhas com espinhos urticantes, porém seus frutos, quando maduros, assim como a casca verde, podem ser usados como forrageiras para bovinos, caprinos, ovinos e suínos. As sementes são fonte de alimento humano e também para animais domésticos e silvestres. A madeira, por ser leve e branca, é empregada na fabricação de tamancos e desdobrada em tábuas para confecção de porta e caixotaria.

JOSÉ MARIA V. FRANCO

▶ BARAÚNA (*SCHINOPSIS BRASILIENSIS*)

A madeira dessa árvore é muito empregada no fabrico de móveis e na construção civil. Essa árvore também tem lugar de destaque na nossa flora, tanto pela sua exuberância e beleza quanto pelas suas inúmeras aplicações, pois possui propriedades calmantes. Seus frutos são vagens de natureza lenhosa, grossas, em forma de foices arredondadas e cobertas de pelos finos.

▶ AROEIRA, AROEIRA-DO-SERTÃO, URUNDEÚVA (*MYRACRODRUON URUNDEUVA*)

O nome aroeira é uma corruptela de "arara" e "eira", com significado de "árvore de arara", por ser uma árvore em que a ave gosta de pousar e viver. Por outro lado, urundeúva é um termo de origem tupi-guarani e possui o significado de "não se deteriora na água", por ser a madeira muito resistente ao apodrecimento e ao ataque de cupins. Por ser muito explorada, tornou-se escassa nas áreas em que ocorre e é uma espécie ameaçada de extinção. A madeira é muito utilizada em vigamento de pontes, bem como para a confecção de postes, vigas, ripas e tacos para assoalho.

As entrecascas do tronco e dos ramos possuem diversas propriedades medicinais: anti-inflamatória, antiulcerogênica (devido à riqueza de tanino, que possui ação cicatrizante), antidiarreica e analgésica. Na medicina popular nordestina é utilizada para tratamento de gastrites, no pós-parto e também nos casos de bronquite e diabetes.

▶ Macambira-de-flecha (*Bromelia laciniosa*)

Planta herbácea, suas folhas e pseudocaule, quando queimados, são usados para alimentação de bovinos, caprinos e suínos. Serve também para a produção de farinha nos anos de seca acentuada. As fibras das folhas são de pouca resistência.

Toda a planta é empregada para a contenção de taludes, às margens de rodovias, e para ornamentação urbana.

▸ Quixabeira (*Bumelia sartorum*)

Árvore leitosa, muito rústica, tem folhas pequenas e numerosos espinhos. Floresce durante a estação seca e seus frutos são pretos, menores que grãos de café. Geralmente ocorre às margens de rios e riachos nordestinos, é de tamanho médio e muito ramificada, com copa densa e compacta. Embora tenha muitos espinhos duros, os rebanhos alimentam-se de suas folhas e frutos. Em várias áreas do Nordeste, a casca do caule da quixabeira tem uso medicinal: misturada à água, produz uma tintura empregada como cicatrizante. Essa propriedade é tão difundida entre os nordestinos a ponto de a casca das árvores ser facilmente encontrada em feiras livres de muitas cidades.

▶ Barriguda paineira-branca, barriguda, árvore-da-seda, árvore-da-lã (*Chorisia glaziovii*)

A barriguda é uma árvore de tronco bojudo, em formato de barril, armazenador de água. De crescimento rápido, é utilizada para a recomposição de áreas degradadas e também para ornamentação.

Durante o inverno, perde totalmente a folhagem, originando flores brancas que conferem uma beleza ímpar à árvore.

Seus frutos – apreciados por periquitos e maritacas – são cápsulas elípticas, popularmente conhecidas por *painas*.

As sementes são revestidas por fibras – conhecidas como lãs de barriguda –, utilizadas no passado para o enchimento de travesseiros e colchões.

A madeira extraída da árvore é macia, modestamente pesada e apodrece facilmente ao ser exposta à água das chuvas.

Vida Animal na Caatinga

São 143 espécies de mamíferos, sendo 19 exclusivas da Caatinga. Entre os mamíferos, podemos citar: tatu-bola, jaguatirica, gato-maracajá, gato-do-mato, marsupiais, tatus, morcegos e roedores (como o conhecido mocó). Diversas espécies de anfíbios, répteis, aves, insetos e aracnídeos ilustram a riqueza biológica desse bioma brasileiro.

> **Anote!**
>
> A Caatinga, ao contrário do que se pensava, apresenta uma rica biodiversidade.

Os Invertebrados

Os invertebrados são os animais mais numerosos do planeta e, na Caatinga, não poderia ser diferente. Eles estão espalhados por toda a parte e o número de espécies é muito grande e variado. Gafanhotos, abelhas, formigas, lacraias, borboletas, besouros, percevejos e tantos outros podem facilmente ser observados nesse bioma.

▶ Formigas da Espécie *Dinoponera quadriceps*

As *dinoponeras* são as maiores formigas operárias do mundo. São negras e possuem um potente ferrão, por onde injetam uma toxina letal para as suas presas, que são, principalmente, baratas, besouros, piolhos-de-cobra e até pequenos vertebrados como lagartos.

Os seres humanos, principalmente os indivíduos alérgicos, podem ter graves problemas quando entram em contato com essa toxina, ocorrendo em alguns casos sérias reações alérgicas e até a morte.

O interessante é que essas formigas gigantes não possuem rainha. Elas são descendentes de uma operária selecionada por uma disputa que, geralmente, não envolve mortes. Elas lutam até cansar, com pausas para descanso. Dessa forma, uma será a dominante, sendo a futura mãe dos filhotes.

▸ Gafanhotos

São insetos muito vorazes, que causam grandes prejuízos para a agricultura. Os gafanhotos são hemimetábolos, ou seja, dos ovos surgem os indivíduos jovens denominados ninfas, que posteriormente se transformarão nos adultos. As ninfas são formas parecidas com os adultos, mas não exatamente iguais, pois lhes faltam, por exemplo, as asas.

Na Caatinga encontramos espécies grandes e bem coloridas. Tanto os animais verdes quanto os marrons podem ter a habilidade de mudar de cor, ajustando-a à do meio, já que na Caatinga existem folhas de cores bem contrastantes.

▸ Borboletas

Esses insetos auxiliam na polinização de várias plantas da Caatinga. Durante seu desenvolvimento, eles passam por várias fases, apresentando um estágio larval. De ovo (embriões), passam a larvas, seguindo depois para o estágio de pupa ou crisálida, para só depois se transformarem em imago (adulto).

As larvas são denominadas lagartas (também chamadas mandarovás ou marandovás) e podem causar prejuízos ao se alimentarem de folhas de plantas que, muitas vezes, são utilizadas pelo homem, como é o caso, por exemplo, das folhas de couve.

Na Caatinga, as borboletas servem de alimento para os pássaros, sendo muito importantes em suas teias alimentares.

Anote!

A polinização feita pelos insetos, como as borboletas, é denominada de entomofilia.

Os Vertebrados

▶ Jaguatirica (*Leopardus pardalis*)

Animal ameaçado de extinção, a jaguatirica era encontrada em todo o Brasil. Seus *habitats* compreendem as florestas tropicais, a Caatinga, os Cerrados e o Pantanal. São os maiores gatos-do-mato do Brasil. Seu peso e tamanho variam conforme o *habitat*, o tipo e a quantidade de alimento disponível. Alimenta-se de pequenos mamíferos, como filhotes de veados, pacas, cutias, preás e pequenas aves. Na carência destes, também preda lagartos, pequenas serpentes, rãs e peixes. Essa dieta flexível é uma característica da jaguatirica. Caça à noite e, durante o dia, costuma dormir em ocos de árvores e grutas. Outra particularidade observada é a sua adaptação a ambientes degradados, até mesmo bem próximos às cidades, onde pode se alimentar de carniça.

Cada gestação pode variar de 70 a 85 dias e geralmente nasce apenas um filhote. Seu desmame ocorre entre 8 e 10 semanas e o crescimento é lento.

O perigo de extinção da jaguatirica deve-se ao alto valor comercial de sua pele. O mercado negro era (e ainda é) estimulado pelo costume adotado em muitos países de transformá-la em animal exótico de estimação. Por seu pequeno porte e pela sua beleza, os pequenos zoológicos (principalmente os clandestinos) tinham menos dificuldade em mantê-las em cativeiro. Em áreas onde seu *habitat* natural sofreu a pressão do homem, e em que as suas presas naturais não mais existiam, passaram a atacar animais domésticos. Para defender suas criações, fazendeiros promoviam a caça indiscriminada ao animal. Sua captura e venda são ilegais. No Brasil, sua caça é proibida, embora o tráfico persista, principalmente no Nordeste.

▶ Gato-maracajá (*Leopardus wiedii*)

É um dos chamados gatos-do-mato da América do Sul. Tem a pelagem muito parecida com a da jaguatirica e do gato-macambira, com coloração amarelo-dourada e rosetas escuras dispostas principalmente nas laterais do corpo. No dorso, as rosetas se fundem formando listras que vão do topo dos olhos à base da cauda. É um animal pequeno, tendo de 70 a 90 cm de comprimento total e peso médio de cerca de 3,5 kg. As patas traseiras têm articulações especialmente flexíveis, permitindo rotação de até 180º, o que lhe dá a rara habilidade, entre os felinos, de descer de uma árvore de cabeça para baixo, como os esquilos. A habilidade com as patas e a cauda longa lhe conferem uma excepcional capacidade de vida arbórea.

Tem ampla distribuição, estendendo-se desde o norte do México até o Uruguai e norte da Argentina. Sua presença está geralmente associada a matas. É um animal de hábito noturno, pouco estudado, não havendo muitas informações a respeito de suas características sociais. Os principais itens de sua alimentação são os pequenos roedores arborícolas, vindo a seguir pequenas aves, artrópodes e frutas. A gestação dura de 66 a 84 dias, nascendo de 1 a 2 filhotes.

A caça para o comércio de peles foi a maior ameaça, mas, atualmente, a destruição de seu *habitat* é o principal risco para sua sobrevivência. Além disso, o pouco pequeno conhecimento sobre a biologia dessa espécie limita a possibilidade da atuação do homem em estratégias de conservação. É classificada pela IUCN (União Internacional para Conservação da Natureza) como espécie **vulnerável** e pelo IBAMA, como **ameaçada de extinção**.

JOSÉ MARIA V. FRANCO

▶ TATU-BOLA (*TOLYPEUTES TRICINCTUS*)

O tatu-bola – o menor (40 a 53 cm de comprimento) e o único tatu endêmico do território brasileiro – pertence à mais rara espécie de edentados do nosso território, sendo considerado em perigo, de acordo com a lista da IUCN.

Possui pequeno porte e é dotado de uma carapaça convexa recoberta por placas queratinizadas variando de ovais a hexagonais. O escudo cefálico é bastante desenvolvido.

Possui uma curta cauda, recoberta por placas arredondadas. Sua cor varia de amarelo a pardo escuro, dependendo do ambiente em que habita. Sua característica típica é a habilidade de se enrolar – uma atitude de defesa – quando molestado ou em situações de perigo, daí o nome popular de tatu-bola. As fêmeas produzem um ou, mais raramente, dois filhotes por ninhada. Na época do acasalamento, podem ser vistos vários machos acompanhando uma fêmea. Alimenta-se de formigas, cupins, larvas de insetos, aranhas, escorpiões, frutos, ovos de lagartos, entre outros itens.

É um animal facilmente capturado, normalmente com o auxílio de cães. É encontrado ao longo de uma das mais pobres áreas de todo o país. Sua carne é também muito apreciada nessa região. Devido aos seus hábitos reprodutivos, sua caça é aparentemente facilitada na época do acasalamento.

FABIO COLOMBINI

Leitura

Apesar de ter sido bastante abundante no passado em todos os estados do Nordeste do Brasil, o tatu-bola atualmente conta com populações extremamente reduzidas, devido à alteração em larga escala dos ecossistemas característicos ao longo de sua área geográfica original. O tatu-bola está praticamente extinto nos Estados do Sergipe e do Ceará, noroeste de Minas Gerais próximo à fronteira com a Bahia e no Rio Grande do Norte. Suas populações remanescentes se encontram distribuídas de maneira escassa e fragmentada em regiões de difícil acesso, que apresentam extensas formações de Caatinga arbustiva ("rasos"), localizadas em municípios com baixa densidade demográfica. A maior parte das populações remanescentes do tatu-bola localiza-se no norte e oeste do Estado da Bahia.

◗ Mocó (*Kerodon rupestris*)

O mocó é um roedor típico da Caatinga que se assemelha bastante a um preá, porém um pouco maior e atinge, na fase adulta, cerca de 40 cm de comprimento e 800 g de peso. Vive entre rochedos e regiões pedregosas da Caatinga, abrigando-se em buracos ou fendas (locas) existentes entre as pedras. A coloração predominante é cinza-claro, sendo a parte posterior da coxa castanho ferruginoso. O mocó apresenta nas patas coxins calosos e unhas rígidas desenvolvidas, que tornam possível a esses animais escalarem as árvores. Alimenta-se de folhas, brotos, ramos, frutos, cascas de árvores, raízes e tubérculos encontrados na vegetação. Possui comportamento social, formando grupos familiares. Por ser um animal dócil, é facilmente caçado e o seu encontro é facilitado pelas fezes negras que deposita nos rochedos ou pelos sons que emite (sons de alarme, semelhantes a um assobio) ao se sentir ameaçado.

É comum encontrar espécimes vivendo nas formações rochosas da serra da Capivara, Estado do Piauí. A gestação dura 75 dias e, geralmente, nasce apenas um filhote.

Para Você Pensar...

Os mocós foram introduzidos em Fernando de Noronha por militares para serem utilizados como alimento, mas eles se tornaram um problema sério para o ecossistema daquele arquipélago. Como se alimentam de raízes, eles roem a base das árvores, derrubando-as, o que contribui para a erosão do solo.

A introdução de animais e plantas em outras regiões que não as nativas, como nesse caso, pode causar um desequilíbrio ecológico de dimensões consideráveis.

JOSÉ MARIA V. FRANCO

◗ Sagui-de-pincel-branco ou Mico-estrela (*Callithrix jacchus*)

É uma espécie monogâmica, ou seja, os casais permanecem unidos por toda a vida. O pai carrega os filhos nas costas e os entrega à mãe nos períodos de amamentação.

O período de gestação dura cerca de 148 dias e a cada parto podem nascer até quatro filhotes, porém, geralmente, nascem dois.

A vida média de um sagui, na natureza, é de cerca de dez anos, mas há registros de animais que viveram mais de dezesseis anos em cativeiro.

Quanto à alimentação, são onívoros, ou seja, alimentam-se de frutos, invertebrados (aranhas), insetos e até de pequenos vertebrados, como pássaros e lagartos. São observados também se alimentando de ovos e gomas de árvores.

JOSÉ MARIA V. FRANCO

Anote!

Cada fêmea de mico-estrela pode ter até duas ninhadas por ano, sendo que os filhotes mais velhos ajudam a cuidar dos mais novos.

▶ CACHORRO-DO-MATO (*CERDOCYON THOUS*)

Quando a noite chega à Caatinga, o cachorro-do-mato sai à procura de alimento. Sua dieta é bem variada, consistindo em pequenas aves, frutas, insetos, ovos, pequenos roedores e até caranguejos, como observamos na Ilha do Caju. Com a devastação e a alteração de seu *habitat*, é comum visitar as fazendas em busca de alimento, onde podem, muitas vezes, ser caçados. Também são observados perto de rodovias, alimentando-se de animais mortos, circunstância em que podem ser atropelados.

A gestação dura cerca de 55 dias e, em geral, nascem de 3 a 6 filhotes. Possuem hábitos solitários, sendo vistos aos casais apenas na época de reprodução.

Em um estudo em que se analisaram 230 estômagos de animais mortos, os pesquisadores constataram que 25% do conteúdo era constituído de vegetais silvestres e 75% era de origem animal. Deste total, apenas cerca de 12% era constituído de animais domésticos.

Para Você Pensar...
É preciso proteger a fauna e a flora da Caatinga, sob risco de perdermos parte importante de nossa biodiversidade.

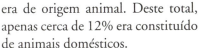

JOSÉ MARIA V. FRANCO

◗ Morcegos, os Mamíferos da Ordem Quiróptera

Na Caatinga encontramos morcegos de várias espécies. Entre eles observamos os que se alimentam de drupas – e disseminam suas sementes – (os frugívoros); de insetos, sendo muito benéficos para o homem; de pólen (promovem a polinização); de sangue (os vampiros) e os morcegos-
-pescadores.

> **Anote!**
> Os morcegos denominados nectarívoros ou polinívoros são os que se alimentam de néctar ou de pólen, respectivamente.

O período de gestação dos morcegos é bem variável, podendo ocorrer de 2 a 3 meses nos insetívoros, de 3 a 5 meses nos frugívoros e polinívoros, chegando a 7 meses nos hematófagos.

Os filhotes nascem praticamente sem pelos. Podem ser transportados pelas mães ou ficar em verdadeiras creches, nas cavernas, à sua espera. Quando a mãe retorna, reconhece o filhote pelo som que ele emite. Fêmeas podem alimentar filhotes de outras que não conseguiram capturar alimento.

> **Anote!**
>
> Os morcegos vampiros são encontrados somente na América do Sul. Só existem 3 espécies, sendo que *Diphylla ecaudata* e *Diaemus youngii* atacam aves e o *Desmodus rotundu* ataca aves e mamíferos. Esses morcegos podem transmitir uma doença chamada *hidrofobia*, também conhecida como raiva.
>
> Na Caatinga observamos apenas o *Desmodus rotundu* e o *Diphylla ecaudata*.

Leitura

Polinização no Sertão

Quando a noite cai, os morcegos tomam conta dos céus da Caatinga. Esses animais constituem cerca de 13% dos polinizadores desse bioma (perdem apenas para abelhas e beija-flores).

Recente pesquisa avaliou a frequência de polinização de 147 espécies de vegetais (de árvores e plantas rasteiras) da Caatinga. Os morcegos entram no ciclo de vida dos cactos (que pertencem a uma das três famílias de plantas mais abundantes desse bioma, com 41 espécies endêmicas, ou seja, que só vivem lá). As flores de muitas espécies de cactos se abrem à noite, o que coincide com o hábito de vida noturno dos morcegos. As cores claras das flores e o odor que exalam atraem esses animais, que não possuem boa visão. "O olfato é mais desenvolvido que a visão, por isso o odor forte e adocicado das flores, bem enjoativo para nós, faz mais diferença que as cores", diz Isabel Cristina Machado, bióloga e coordenadora do estudo, feito em conjunto com Ariadna Lopes, ambas da UFPE (Universidade Federal de Pernambuco). Nesses mamíferos voadores, os dentes incisivos são pequenos, o que facilita a passagem da longa língua com que coletam o doce néctar. É o caso do *Glossophaga soricina*, pequeno morcego que pesa cerca de 10 g, de coloração marrom-escura e 20 cm de envergadura.

Isabel e Ariadna confirmaram a ocorrência de polinização em 99 espécies de plantas em três áreas de Caatinga em Pernambuco: (a) arredores do município de Alagoinha, a 200 km do litoral; (b) Parque Nacional do Vale do Catimbau, em Buíque, a 285 km da costa; (c) reserva da estação experimental da Embrapa Pernambucana de Pesquisa Agropecuária, em Serra Talhada, a 700 km de Recife.

Uma única flor de xiquexique (*Pilosocereus gounellei*) ou do facheiro (*Pilosocereus pentaedrophorus*), ambas quiropterófilas (nome dado a plantas polinizadas por morcegos), produz até 200 mL de néctar por dia, um volume 50 a 100 vezes maior que o liberado por outras plantas, que costumam produzir cerca de 3 a 5 mL diários de néctar.

Beija-flores também atuam como polinizadores, porém diurnos, na Caatinga. É o caso do rabo-branco-de-cauda-longa (*Phaetornis gounellei*), de bico longo e curvo, endêmico do Nordeste (encontrado em trechos da Caatinga do Piauí à Bahia) e que durante o dia visita bromélias com flores vistosas de cor vermelha.

As abelhas, polinizadoras também diurnas, visitam flores lilases, amarelas, violetas e alaranjadas. As abelhas de médio e grande porte, que medem de 1 a 3 cm de comprimento, são as principais polinizadoras da Caatinga (cerca de 30%). Juntamente com o néctar, coletam pólen (rico em proteínas) e óleos florais que alimentam suas larvas, além de resinas, que utilizam para a construção das colmeias.

As duas botânicas alertam, porém, que não é possível deduzir qual é o agente polinizador apenas pela cor da flor. Segundo elas, outras características, tais como a forma, o odor exalado, o tamanho, o momento do dia em que a flor se abre, além das recompensas que elas oferecem aos polinizadores, também devem ser avaliadas. "A flor vermelha de uma bromélia ou de um cacto, geralmente sem cheiro, está associada à polinização por beija-flores e outras aves, que não têm olfato desenvolvido. As abelhas, por sua vez, não enxergam bem o vermelho, porém 'sentem' o odor", diz Isabel Cristina.

O conhecimento dessas e de outras informações confirma a existência de riqueza biológica (biodiversidade) na Caatinga e ajuda a contribuir para a preservação e a correta utilização dos recursos desse bioma brasileiro.

Fonte: FALCÃO, V. À Noite no Sertão. *Revista Pesquisa Fapesp*, São Paulo, n. 108, p. 52-55, fev. 2005.

ASA-BRANCA (*COLUMBA PICAZURO*)

Quando em voo, podemos observar uma faixa branca na asa desse animal, que deu origem ao seu nome. Sua alimentação consiste de sementes e pequenos frutos, coletados principalmente no solo.

A asa-branca nidifica em árvores, onde constrói um ninho achatado com gravetos entrelaçados. A postura é de um único ovo branco, incubado pelo casal – neste caso, macho e fêmea se revezam no tratamento do filhote.

O *habitat* é constituído por capoeiras, campos, florestas ciliares e de galerias, sendo observados também em toda a região da Caatinga.

◗ ROLINHA-CALDO-DE-FEIJÃO (*COLUMBINA TALPACOTI*)

Essa rolinha tem se tornado bastante comum nas cidades. As rolinhas alimentam-se de sementes e frutos que coletam do solo. É comum observarmos essas aves levantando suas asas, sinal que pode significar agressividade ou excitação sexual.

A incubação dos ovos dura de 11 a 13 dias, sendo que a fêmea coloca dois ovos brancos e alongados. Os filhotes abandonam o ninho com cerca de 12 dias de vida. A fêmea pode ter até 4 posturas por ano, sendo que o ninho antigo pode ou não ser reutilizado.

Rolinhas fizeram seus ninhos e chocaram seus ovos nas sandálias que estavam na varanda de uma casa. Os ovos incubaram, os filhotes, vistos na foto inferior, cresceram e finalmente abandonaram o ninho.

▶ Gavião-carcará (*Caracara plancus*)

Esse gavião também é conhecido com o nome de carancho, caracará e gavião-de-queimada.

Trata-se de um falconiforme, com uma face de coloração uva, amarela ou vermelha e com um penacho em sua nuca.

Suas pernas são grandes e fortes, de cor amarelada. O carcará se alimenta de vários tipos de pequenos animais, como lagartixas, anfíbios, caracóis, serpentes e pequenas aves. O alimento que não consegue digerir é regurgitado em forma de pelotas.

São muito observados em regiões pós-queimadas e nas estradas, alimentando-se de animais mortos.

JOSÉ MARIA V. FRANCO

▶ Coruja-buraqueira (*Athene cunicularia*)

Essa coruja é vista facilmente, pois apresenta atividade diurna. Quando algum perigo se aproxima, ela movimenta a cabeça, abaixando e levantando o corpo.

As corujas são importantes para o homem, pois predam pragas nas lavouras e controlam roedores, tanto nas cidades como no campo. São carnívoras, sendo sua alimentação constituída de pequenos animais, como ratazanas, grilos, pássaros, anfíbios etc.

Dotadas de grandes olhos, sua visão é binocular e tridimensional. O pescoço pode girar até 270° e a audição é muito desenvolvida. O voo é silencioso e elas apresentam grande quantidade de penas nas asas.

A reprodução da coruja-buraqueira ocorre entre os meses de março e abril. Ela faz seu ninho em buracos, que podem ser antigas tocas de tatu, ou cava um "túnel", sendo que o macho e a fêmea se revezam na construção do ninho e no cuidado com a prole. As galerias, construídas com o auxílio do bico e dos pés, chegam a ter 3 m de profundidade.

A postura é de 6 a 12 ovos, que serão incubados pela fêmea durante 28 dias. O trabalho do macho é proteger o ninho e trazer comida. Com uma quinzena de vida, os filhotes já começam a sair do ninho e chegam até a abertura da toca ou do túnel. Com 44 dias, aproximadamente, eles abandonam o ninho e aos dois meses de vida já estão caçando.

VIDA ANIMAL NO CERRADO

Anote!
Uma coruja localiza sua presa em um ambiente totalmente escuro, graças a sua audição apurada.
Qualquer movimento da presa pode ser detectado, pois penas especiais direcionam o som diretamente para o interior do ouvido.

◗ BACURAU OU CURIANGO (*NYCTIDROMUS ALBICOLLIS*)

São aves noturnas, que apresentam grandes olhos laterais com adaptações especiais para captação de luz. Durante o dia ficam imóveis, camufladas com as folhas do chão; por essa razão, dificilmente são vistas.

A dieta é constituída, principalmente, por insetos que capturam durante o voo.

As fêmeas chocam 1 ou 2 ovos sobre folhas secas no chão. Os ovos podem ser brancos ou marrom-claro com pontos marrons ou lilás. A incubação dura em torno de 18 dias, sendo que à noite é realizada pela fêmea e, durante o dia, pelo casal. Quando nascem os filhotes, o casal se reveza nos cuidados com a prole.

▶ Beija-flor

Anote!
Os beija-flores são importantes agentes polinizadores. A polinização realizada por aves é chamada de ornitofilia.

Outra ave muito importante da Caatinga é o beija-flor. Várias espécies são encontradas e sua alimentação é constituída por néctar e pequenos insetos. O bico é longo e adaptado ao formato da flor da qual retiram o néctar. A língua é bifurcada e extensível.

São as únicas aves capazes de voar em marcha a ré e batem as asas de 70 a 80 vezes por segundo. O batimento cardíaco pode atingir até 1.400 vezes por minuto.

Não são vistos caminhando pelo solo, já que as patas são muito pequenas. Geralmente apresentam dimorfismo sexual, sendo as fêmeas menos vistosas e maiores que os machos.

Possuem hábitos solitários e o macho fecunda várias fêmeas, porém não contribui na nidificação nem nos cuidados com a prole.

A fêmea constrói o ninho sozinha, onde deposita 2 ovos brancos e elípticos. A incubação é de 16 a 19 dias. A expectativa de vida desses animais é de 6 a 12 anos, dependendo da espécie.

Para Você Pensar...
Colocar água com açúcar para atrair beija-flores pode provocar a morte dessas aves. A solução açucarada favorece a proliferação de fungos que, atingindo a língua desses animais, dificultam sua alimentação.

VIDA ANIMAL NO CERRADO   45

◗ RÉPTEIS, ANFÍBIOS E PEIXES

Quanto aos répteis e anfíbios, o número de espécies fica em torno de 154, sendo que 47 são de anfíbios. Quanto à fauna aquática, existem referências a 191 espécies, sendo 57% endêmicas.

◗◗ LAGARTIXAS

As lagartixas são muito importantes para o meio ambiente, pois são animais controladores de insetos, já que são insetívoros.

Podem subir com facilidade em árvores, permitindo sua fuga, bem como a captura de suas presas. Quando ameaçados, os machos inflam o "papo", tentando avisar para o inimigo que são perigosos. Esse fato também é observado na disputa pelas fêmeas.

Eles possuem a habilidade de mudar de cor, ajustando-a à do meio, como pode ser observado na foto, sendo esse fenômeno chamado de homocromia.

Como defesa, a lagartixa pode também desprender a cauda, cujos movimentos poderiam atrair o inimigo. A regeneração da cauda pode levar até 2 semanas.

No Brasil, não se conhece nenhuma espécie venenosa.

São animais ovíparos, depositando 1 ou 2 ovos em cascas de árvores, sobre as folhas, em fendas de pedras etc.

A alimentação é constituída de insetos e outros pequenos animais.

Anote!

As lagartixas possuem pequenas lâminas cobertas por "cerdas" microscópicas em forma de ganchos que possibilitam a escalada.

TROPIDURUS

Muito comuns na Caatinga, os tropidurus são lagartos que ficam parte do seu tempo expostos ao Sol. Isso ajuda em sua atividade metabólica, pois são animais ectotérmicos.

CANINANA OU PAPA-PINTO (*SPILOTES PULLATUS*)

É uma serpente de hábitos diurnos, sendo muito ágil e inofensiva para o homem. Atinge até 2,5 m de comprimento e achata o pescoço quando está nervosa – nesse momento, balança também a ponta da cauda, em um movimento semelhante ao realizado por uma cascavel.

Alimenta-se basicamente de aves e seus ovos, pequenos roedores e lagartos. É uma serpente ovípara e coloca entre 15 e 18 ovos por postura. Os filhotes nascem bastante independentes e, por isso, não existe cuidado parental.

> **Anote!**
> Não passa de crendice popular a fama de que a caninana é brava e "corre atrás das pessoas".

Jiboia (*Boa constrictor*)

Em tamanho, é a segunda maior serpente do Brasil, chegando a mais ou menos 5 m de comprimento (vale lembrar que a maior serpente brasileira é a sucuri). De hábitos noturnos (às vezes com atividade diurna), a jiboia alimenta-se principalmente de pequenos animais, como aves, ratos, preás e lagartos. Sua grande força muscular é utilizada para sufocar a vítima, provocando a morte por constrição. Como sua digestão é lenta, ela pode ficar várias semanas sem comer, dependendo do porte da presa abatida em sua última refeição. Nesse período, o animal apresenta uma queda metabólica, ficando parado, enrolado e protegido em algum esconderijo.

O número de crias fica em torno de 12 a 60 filhotes, sendo que o período de incubação pode levar até um semestre. Os filhotes são liberados do corpo da mãe, totalmente formados, protegidos por um invólucro bem fino e transparente.

São pouco perigosos para o homem, já que não são peçonhentas, e alimentam-se de animais, como as ratazanas.

Leitura

Os Fósseis do Araripe

Mesmo sendo poucos, os fósseis de dinossauros brasileiros revelam características físicas valiosas desses répteis e ajudam a entender como evoluíram. Não muito longe do Estado do Maranhão fica um dos mais importantes depósitos mundiais de fósseis de uma fase do Cretáceo, que vai de 140 milhões a 100 milhões de anos atrás. É a chapada do Araripe, um tabuleiro de 160 km de extensão por 50 km de largura, que se ergue a 900 m de altitude no sul do Ceará e se espalha, a leste, para Pernambuco e, a oeste, até o Piauí. Nas minerações de calcário e gesso dessa região, foram encontrados fósseis de outras três espécies de dinossauros.

Duas delas integram o grupo dos espinossaurídeos, répteis bípedes de até 10 m de comprimento, em cujo dorso sobressaía uma espécie de crista. Um desses animais, o *Angaturama limae*, foi descrito em 1999 pelo paleontólogo Alexander Kellner, do Museu Nacional da UFRJ (Universidade Federal do Rio de Janeiro), a partir de fósseis do focinho do animal. Parente de espécies encontradas na África e na Europa, esse dinossauro viveu há cerca de 110 milhões de anos.

Outro fóssil precioso é o de *Santanaraptor placidus*, que também saiu da cidade de Santana do Cariri, na chapada do Araripe. É o primeiro fóssil de dinossauro que, além dos ossos, preservou parte do couro, dos músculos e dos vasos sanguíneos do animal. Com apenas 1,8 m, esse carnívoro que viveu há 110 milhões de anos é um ancestral do conhecido e temido *Tyrannosaurus rex*, enorme predador que dominou a América do Norte cerca de 40 milhões de anos mais tarde.

Ao olhar para a chapada do Araripe, a maioria das pessoas não tem a menor noção de como toda a região se modificou ao longo dos anos e, sobretudo, que ela abriga alguns dos principais depósitos de fósseis do país. A riqueza de restos orgânicos extintos trouxe ao Araripe importância internacional, reconhecida por pesquisadores de todo o mundo: não existe paleontólogo que não tenha ouvido falar ou lido artigos relacionados aos fósseis da chapada.

Hoje em dia, a região da chapada do Araripe pode ser considerada uma espécie de oásis em uma das áreas mais secas do país. O subsolo dessa formação, situada entre os Estados do Ceará, Pernambuco e Piauí, possui extensos reservatórios de água. Por isso, as terras próximas à chapada propriamente dita possuem uma vegetação abundante em espécies, como o visgueiro, a faveira e o pequi, entre outras. Mas, no passado, essa terra estava debaixo d´água e era habitada por diversos animais e plantas que hoje já não existem mais. Em termos gerais, a chapada é parte do que restou de uma área bem maior – a bacia do Araripe –, que abrangia extensas áreas dos Estados do Ceará, Pernambuco e Piauí. A história da bacia do Araripe começa durante a fragmentação do supercontinente Gondwana, mais precisamente quando a América do Sul e a África estavam se separando. O depósito de fósseis da bacia do Araripe, mais propriamente as camadas da Formação Santana, pode ser equiparado aos principais depósitos fossilíferos do mundo. Falta mais investimento, que permitiria que pesquisadores brasileiros coletassem mais exemplares, e maior conscientização da população local, para evitar que o material se disperse pelo mundo.

Adaptado de: KELLNER, A. Bacia do Araripe: uma viagem ao passado.
Disponível em: <http://cienciahoje.uol.com.br>.
Acesso em: 6 ago. 2006.

Sapo-cururu (*Bufus ictericus*)

É muito comum observar esse anfíbio de hábitos noturnos próximo de águas paradas, onde realiza a postura de seus ovos. Os machos são menores do que as fêmeas e coaxam para atraí-las. As fêmeas, por sua vez, não emitem som. Os machos também possuem cores diferentes das fêmeas, sendo amarelos-pardacentos; já as fêmeas são caracterizadas por ter uma coloração mais escura. Também é interessante notar que esses sapos apresentam a pele rugosa.

Sapo-cururu macho.

Sapo-cururu fêmea.

Essa espécie de sapos é considerada venenosa e o veneno (bufotoxina) fica armazenado em glândulas denominadas paratoides. Esse veneno é uma secreção leitosa produzida para proteger o animal contra os predadores. Sua ação é principalmente cardiotóxica, afetando o sistema nervoso central.

A fecundação é externa, sendo os ovos expelidos em cordões gelatinosos que evitam sua dispersão. Geralmente eles são dispostos em dois longos cordões, ricos em uma proteína chamada albumina.

O macho abraça a fêmea (subindo em seu dorso), elimina os espermatozoides na água, onde ocorre a fecundação. Esse abraço de "núpcias" é denominado amplexo.

Os filhotes gerados são chamados de girinos e sofrerão metamorfose até originarem os adultos, em um processo que pode levar até aproximadamente 3 meses, dependendo da espécie. Durante esse processo de metamorfose, primeiro surgem os membros posteriores, em seguida os anteriores e, finalmente, a cauda é perdida.

Sua alimentação básica é constituída de insetos, porém podem se alimentar também de aracnídeos, quilópodes (lacraias), diplópodes (piolhos-de-cobra), minhocas etc.

> **Anote!**
>
> Os sapos não possuem pálpebra inferior e, sim, uma membrana desenvolvida e móvel, denominada nictitante.

TEIA ALIMENTAR NA CAATINGA

Na Caatinga, a teia alimentar é bem diversificada. Mocós alimentam-se de folhas, brotos, frutos e cascas de árvores. Por outro lado, esses roedores servem de alimento para gatos-maracajás, jaguatiricas, gatos-do-mato, gaviões e jararacas. Os carcarás são predadores de gaviões e cobras. Diferentes tipos de lagarta e de gafanhoto alimentam-se das folhas da vegetação, enquanto os teiús, lagartos comuns nesse bioma, são vorazes comedores de vermes, lagartas, insetos e ovos de aves.

Aranhas atuam como predadores dos insetos. Tatus-bolas recorrem a formigas, cupins, larvas de insetos, aranhas, escorpiões, ovos de lagartos e frutos para se alimentar.

Beija-flores (polinizadores diurnos) visitam as flores de bromélias à procura de néctar, o mesmo ocorrendo com morcegos, que, à noite, se alimentam do néctar produzido pelas flores do xiquexique e do facheiro. Não se devem esquecer as inúmeras abelhas, polinizadoras também diurnas, que visitam diferentes espécies de plantas floríferas à procura de pólen, néctar e óleos florais que servirão de alimento para suas larvas. Ao utilizar os dados constantes deste texto, você pode montar hipotéticas cadeias alimentares ilustrativas da teia alimentar da Caatinga.

Mãos à obra!

Importância Econômica

A flora local é fonte de sustento para muitas famílias, sendo as atividades econômicas mais importantes as:

- **extrativistas**, cultivadas ou não. De especial importância são as palmeiras, das quais se retiram **óleos** de interesse comercial (como o de babaçu, de tucum e de macaúba), **cera** (como a retirada das folhas de carnaúba, de reconhecida importância econômica). Da palha de buritió, caroá, tucum e piaçava são retiradas as **fibras**. As **madeiras** mais procuradas são as de ipê, juazeiro etc.;
- **fornecedoras de forragem** para terras áridas;
- de **fontes de alimento** para o homem, principalmente as frutas.

Como exemplos, podemos citar: macaúba, umbu e mangaba.

Extensas áreas da Caatinga têm sido submetidas à irrigação artificial, especialmente no vale do rio São Francisco, o que favorece ainda mais a fertilidade da maioria dos solos da região, aliada à existência de pouca quantidade de alumínio tóxico, típico dos solos do Baixo Amazonas.

Porém, com água bastante salina e poços salgados perto do lençol freático, a salinização da terra é uma ameaça a ser levada em conta. A região começa a sofrer forte impacto econômico com o uso da agricultura irrigada. O vale do São Francisco exporta frutas, entre elas uvas, mamões e melões, e deverá competir com muita probabilidade de sucesso nos mercados internacionais destes e de outros produtos.

Palmeira licuri.

Cajuí.

Leitura

Salinização do Solo

O termo "salinidade" refere-se à presença, no solo, de sais solúveis. Ao elevar-se a concentração de sais no solo, a ponto de prejudicar o rendimento econômico das culturas, diz-se que este está salinizado. A salinização do solo afeta a germinação e a densidade das culturas, bem como seu desenvolvimento vegetativo, reduzindo sua produtividade e, nos casos mais sérios, levando à morte das plantas.

O processo de salinização ocorre, de maneira geral, em solos situados em região de baixa precipitação pluviométrica e que possuam lençol freático próximo da superfície. De modo geral, os solos situados em regiões áridas, quando submetidos à prática da irrigação, apresentam grandes possibilidades de se tornar salinos, desde que não possuam um sistema de drenagem adequado.

Estimativas da FAO (*Food and Agriculture Organization*, organismo da ONU que se preocupa com a agricultura e a alimentação humana) informam que, dos 250 milhões de hectares irrigados no mundo, aproximadamente 50% já apresentam problemas de salinização e de saturação do solo e 10 milhões de hectares são abandonados, anualmente, em virtude desses problemas.

As principais causas da salinização nas áreas irrigadas são os sais provenientes da água de irrigação e/ou do lençol freático, quando este se eleva até próximo à superfície do solo.

Anote!

O desmatamento e as culturas irrigadas estão conduzindo à salinização dos solos, aumentando ainda mais a evaporação da água contida neles, fato que pode acelerar a ocorrência de desertificação.

ATIVIDADES QUE PODEM ALTERAR A CAATINGA

A desertificação é fenômeno mundial que afeta terras áridas como as do Nordeste brasileiro. Pode ser definida como sendo a degradação da terra nas zonas áridas, semiáridas e subúmidas secas, resultante de fatores diversos como variações climáticas, atividades humanas, degradação dos solos, dos recursos hídricos e da vegetação, e redução da qualidade de vida da população afetada. Admite-se, atualmente, que as queimadas aceleram progressivamente o processo de desertificação, por acarretar a esterilidade do solo.

A pastagem de gado bovino e caprino e a colheita excessiva de frutas podem afetar seriamente a estrutura populacional da maioria das espécies mais importantes e endêmicas da Caatinga. A extração indiscriminada de madeira para fins industriais, para utilização como combustível e para confecção de carvão é uma atividade que pode dizimar a vegetação original. A região está se aproximando rapidamente da situação do Saara e do Sahel, na África: a seca crônica e o mau uso do ambiente são indicadores de uma séria catástrofe ambiental.

ECOTURISMO E PARQUES NACIONAIS DA CAATINGA[1]

▶ PARQUE NACIONAL DA SERRA DA CAPIVARA

Localizado no sudeste do Estado do Piauí, com extensão de 129.000 hectares, o parque abrange áreas dos municípios de São Raimundo Nonato, São João do Piauí, Coronel José Dias e Canto do Buriti. Criado em junho de 1979, foi inscrito na lista do Patrimônio Cultural da Humanidade, pela Unesco, dada a importância de seus sítios arqueológicos. Possui paisagens acidentadas, com vários ecossistemas e rica biodiversidade.

Ocupa uma região de clima semiárido, fronteiriça a duas grandes regiões geológicas – a bacia sedimentar Maranhão-Piauí e a depressão periférica do rio São Francisco, sendo o seu relevo formado por serras, vales e planícies.

> **Anote!**
>
> A serra da Capivara, no Piauí, é uma área repleta de pinturas rupestres feitas por alguns dos primeiros habitantes da América do Sul.

Abriga a Fundação Museu do Homem Americano (FUMDHAM), cujos projetos incluem o Plano de Manejo do Parque, uma política de proteção que busca integrar a população circunvizinha do parque às ações de preservação.

A pesquisa arqueológica realizada no Parque revelou dados importantes sobre o povoamento das Américas, demonstrando que o homem penetrou no continente muito antes do que admite a teoria clássica sobre a origem do homem americano.

Por meio de escavações feitas no sítio Toca do Boqueirão da Pedra Furada – um dos mais impressionantes monumentos naturais da região – foram descobertos vários vestígios de atividade humana. Entre estes, diversos instrumentos, como pedras lascadas e fragmentos de cerâmica, com cerca de 48.000 anos. Por sua beleza, chamam a atenção as **pinturas rupestres**, inscritas em paredão de cerca de 70 m de largura na Toca do Boqueirão da Pedra Furada. No Desfiladeiro da Capivara (animal que já não é mais encontrado na região) destaca-se uma rota de passagem de antigas populações, entre elas, humanas.

A fauna da região inclui jaguatiricas, tatus, mocós, seriemas, carcarás, gatos-do-mato, serpentes, andorinhas, morcegos, abelhas, gafanhotos, besouros, borboletas e aranhas, em meio a mandacarus, xiquexiques, juazeiros, coroas-de-frades e aroeiras, entre outras plantas. Nos longos períodos de seca percebe-se a natureza árida característica da Caatinga; porém, após o curto período das chuvas, a diversidade animal e vegetal se torna evidente.

---

[1] *Fontes:*
- BERBERT-BORN, M.; KARMANN, I. Lapa dos Brejões – Vereda Romão Gramacho – Chapada Diamantina – Bahia. *Disponível em:* <http://www.unb.br/ig/sigep/sitio016/sitio016.htm>. *Acesso em:* 6 ago. 2006;
- http://www.mre.gov.br;
- http://www.vivabrazil.com/serrada.htm;
- http://www.revistaturismo.cidadeinternet.com.br.

Coroa-de-frade.

Facheiro.

Vista do Parque Nacional da Serra da Capivara.

Importância Econômica

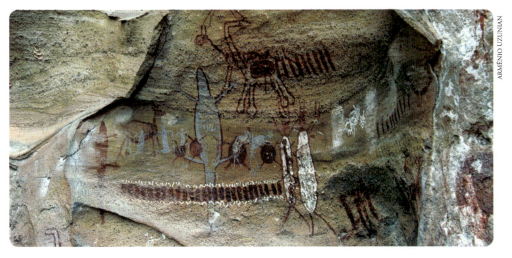

▸ Parque Nacional do Catimbau

Atribuem-se vários significados ao nome Catimbau, entre eles "cachimbo velho", "homem ridículo", "prática de feitiçaria", mas a versão mais apropriada seria "morro que perdeu a ponta", considerando que os morros foram se erodindo com o tempo.

A aproximadamente 300 km de Recife, PE, tornou-se Parque Nacional em dezembro de 2002 e abrange uma área de 611 km².

É o segundo maior parque arqueológico do Brasil e o terceiro sítio arqueológico indígena, onde foram encontradas evidências da existência do homem primitivo. A beleza e a rica história desse vale têm atraído a atenção de estudiosos, turistas e adeptos de esporte radical, abrigando vinte e três sítios arqueológicos com grafismos rupestres já catalogados pelo IPHAN – Instituto do Patrimônio Histórico e Artístico Nacional.

> **Anote!**
> Menos de 2% da Caatinga está protegida como unidades de conservação e proteção integral.

Entre seus sítios, um dos mais importantes é o de Alcobaça, situado em um paredão rochoso e com a configuração de um anfiteatro, onde foram encontradas pinturas rupestres em uma área de 50 m de extensão, feitas por diversos grupos étnicos que viveram na região em épocas diferentes e utilizaram várias técnicas de pintura.

Formado por elevações montanhosas de topo suave, encostas abruptas e vales abertos, o Catimbau impressiona pela ação intempérica do clima, favorecendo a erosão nas encostas da chapada, possibilitando a ocorrência de verdadeiras obras de arte esculpidas pelo vento, sendo um importante patrimônio cultural e natural. Suas formações geológicas apresentam os mais diversos tipos e cores de arenito, datando mais de 100 milhões de anos, sendo que sua maior elevação registra-se a 1.060 m de altitude, na serra de Jerusalém. Possui cerca de duas mil cavernas e 28 cavernas-cemitérios conhecidas, tendo uma variedade de inscrições e pinturas rupestres em diversos sítios.

Anote!

As centenas de sítios arqueológicos existentes na Caatinga revelam que seres humanos habitavam a região desde a Pré-História.

Os "labiais", como são chamados na região, parecem sulcos feitos em baixo relevo na rocha e que "despencam" do alto de uma parede colossal em tons multicoloridos, com certeza a imagem mais impressionante do parque. Pelos mais diferentes cantos do Brasil, não se tem notícia de uma formação parecida e tão deslumbrante como essa.

Na Pedra da Concha, chamada pelos antigos moradores como Pedra Pintada, estão as primeiras inscrições encontradas na região.

O parque ainda reserva surpresas aos visitantes, como cemitérios indígenas, fontes de água cristalina, cânions e ainda tem como vizinhos os índios da etnia Kapinawá.

O clima predominante é o semiárido do Estado do Pernambuco, na zona de transição entre o agreste e o sertão. Geralmente, cerca de 60 a 75% das chuvas ocorrem no período de março-abril até junho-julho. O período de menor pluviosidade vai de setembro a janeiro, sendo outubro o mês mais seco.

A vegetação dessa área apresenta aspectos distintos por ser de transição entre o agreste e a Caatinga.

⟩ Lapa dos Brejões

Situa-se na porção norte da chapada Diamantina – no Polígono das Secas –, região centro-norte do Estado da Bahia, a cerca de 500 km da capital Salvador. O clima da região é semiárido quente, a altitude do relevo variando de 480 a 560 m e sua vegetação é de caatinga arbórea/arbustiva densa, sendo mais exuberante ao longo do rio Jacaré, devido a sua perenidade.

Segundo a população local, a Lapa dos Brejões teria sido descoberta e noticiada em 1877. Sua exuberância morfológica deve ter sido o primeiro foco das atenções, mas logo sobressaiu o grande valor paleontológico dos seus depósitos sedimentares. Os primeiros achados paleontológicos no interior da gruta foram publicados em 1938 pelo padre Camilo Torrendt, mas grande parte do material mencionado por ele foi perdida.

Em 1977 foram iniciados estudos sistemáticos da região pela equipe de paleontologia da Universidade Católica de Minas Gerais, tendo sido coletadas mais de 5 mil peças, pertencentes a preguiças, preguiças-gigantes, mastodontes, tatus, tamanduás, cavalos, roedores, aves, entre outros.

▸ Reserva Biológica de Serra Negra

Possui uma área de 1.100 hectares e está localizada na parte central do Estado de Pernambuco.

Em face da agressividade geral da caatinga arbustiva, as árvores contrastam pela ausência de ceras, cutículas, pelos, espinhos e outros mecanismos de defesa contra o meio hostil. Árvores de mais de 30 m são frequentes. O tronco de um paudalho ali existente chega a ter 6 m de circunferência.

Os pássaros são numerosos, assim como os insetos. Veados, gatos-maracajás, raposas, povoam a serra. Esses animais costumam descer à Caatinga na época das chuvas, recolhendo-se nos meses mais quentes.

▸ Parque Nacional da Chapada Diamantina

O parque foi criado, por decreto-lei, em 1985. Abrange 84 mil km² da serra do Sincorá e arredores, entre os municípios de Lençóis, Palmeiras, Mucugê e Andaraí, incluindo o distrito de Xique-Xique do Igatu, conhecido como Cidade das Pedras.

O órgão oficial de turismo da Bahia dividiu a Chapada em duas áreas, conforme suas origens históricas: o circuito do diamante, que abrange Lençóis, Palmeiras, Andaraí e Mucugê; e o circuito do ouro, que compreende os municípios de Rio de Contas, Abaíra, Jussiape e Piatã.

No parque e seus arredores podemos visitar grutas, cachoeiras, e fazer caminhadas por lugares de rara beleza, como o Vale do Pati. Também de indiscutível beleza são as **grutas subterrâneas** com águas cristalinas em seu interior.

JOSÉ MARIA V. FRANCO

Mucugezinho.

Cachoeirinha.

Libélula.

Caliandra.

Importância Econômica 63

BIBLIOGRAFIA

ANDRADE-LIMA, D. Estudos Fitogeográficos de Pernambuco. In: *Arquivos do Instituto de Pesquisas Agronômicas*, 1960, (5), p. 305-341.

_____. Present-day Forest Refuges in Northeastern Brazilian. In: PRANCE, G. T. (Ed.) *Biological Diversification in the Tropics*. Nova York: Columbia University Press, 1982.

BARBOSA, D. C. A.; SILVA, P. G. G.; BARBOSA, M. C. A. Tipos de Frutos e Síndromes de Dispersão de Espécies Lenhosas da Caatinga de Pernambuco. In: TABARELLI, M.; SILVA, J. M. C. (Eds.) *Diagnóstico da Biodiversidade de Pernambuco*. Recife: SECTMA e Editora Massangana, 2002. v. 2, p. 609-621.

CAVALCANTE, A. Jardins Suspensos no Sertão. In: *Scientific American*, São Paulo, n. 32, p. 66-73, 2005.

GERAQUE, E. A. As Ricas Caatingas. In: *Scientific American*, São Paulo, n. 25, p. 24-33, 2004.

LEAL, I. R.; TABARELLI, M.; SILVA, J. M. C. *Ecologia e Conservação da Caatinga*, Recife: Editora Universitária da UFPE, 2003. p. 804.

_____. Changing the Course of Biodiversity Conservation in the Caatinga of Northeastern Brazil. In: *Conservation Biology*. Flórida, v. 19, n. 3, p. 701-706.

LIMA, J. L. S. *Plantas Forrageiras das Caatingas*: uso e potencialidades. Recife: EMBRAPA-CPATSA/PNE/RBG-KEW, 1986.

PAIVA, M. P. *Ecologia do Cangaço*. Rio de Janeiro: Interciência, 2004.

PÔRTO, K. C.; CABRAL, J. J. P.; TABARELLI, M. *Brejos de Altitude em Pernambuco e Paraíba:* história natural, ecologia e conservação. Brasília: Ministério do Meio Ambiente, 2004. p. 323.

Reserva da Biosfera da Caatinga MaB UNESCO – Cenários para o Bioma Caatinga. Conselho Nacional da Reserva da Biosfesra da Caatinga – Secretaria de Ciência, Tecnologia e Meio Ambiente do Estado de Pernambuco. Recife, 2004. p. 283.

RIZZINI, C. T. *Tratado de Fitogeografia do Brasil*. Rio de Janeiro: Âmbito Cultural, 1997. p. 747.

RODAL, M. J. N.; MELO, A. L. de. Levantamento Preliminar das Espécies Lenhosas da Caatinga de Pernambuco. In: ARAÚJO, F. D.; PRENDERGAST, H. D. V.; MAYO, S. J. (Eds.) Plantas do Nordeste. Anais do I Workshop Geral, Royal Botanic Gardens, Kew, 1999. p. 53-62.

RODAL, M. J. N.; SAMPAIO, E. V. S. B. A Vegetação do Bioma Caatinga . In: SAMPAIO, E. V. S. B. *et al.* (Eds.) *Vegetação e Flora da Caatinga*. Recife: APNE/CNIP, 2002. p. 176.

SAMPAIO, E. V. S. B. Overview of the Brazilian Caatinga. In: BULLOCK, S. H.; MOONEY, H. A.; MEDINA, E. (Eds.) *Seasonally Dry Tropical Forests*. Cambridge: Cambridge University Press, 1995. p. 35-63.

SAMPAIO, E. V. S. B. *et al.* Caatingas e Cerrados do NE – biodiversidade e ação antrópica. In: Fundação Grupo Esquel Brasil. (Ed.) *Conferência Nacional e Seminário Latino-americano da desertificação*. Ceará, Brasil. Anais (1), p. 260-275.

_____. *Vegetação e Flora da Caatinga*. Recife: APNECNIP, 2002. p. 176.

SILVA, J. M. C.; TABARELLI, M.; FONSECA, M. *Avaliação e Ações Prioritárias para a Conservação da Caatinga*. Brasília: Ministério do Meio Ambiente, 2004.

VELLOSO, A.; SAMPAIO, E. V. S. B.; PAREYN, F. G. C. *Ecorregiões*: propostas para o bioma Caatinga. Recife: The nature conservancy do Brasil e Associação Plantas do Nordeste, 2002. p. 75.